Tina Hellwig

Außerschulische Lernorte - Planetenlehrpfad Marburg

GRIN Verlag

Bibliografische Information der Deutschen Nationalbibliothek:

Die Deutsche Bibliothek verzeichnet diese Publikation in der Deutschen National-
bibliografie; detaillierte bibliografische Daten sind im Internet über http://dnb.d-
nb.de/ abrufbar.

Impressum:

Copyright © 2011 GRIN Verlag GmbH
Druck und Bindung: Books on Demand GmbH, Norderstedt Germany
ISBN: 978-3-656-28752-0

Dieses Buch bei GRIN:

http://www.grin.com/de/e-book/202490/ausserschulische-lernorte-planetenlehrpfad-
marburg

Inhaltsverzeichnis

1. Lehr- und Lernpfade

Lehr- und Lernpfade sind meist aus dem Bereich der Natur bekannt. Jedoch gibt es für Lehr- und Lernpfade keine einheitliche Definition. Jede Art von Lehr- und Lernpfaden besitzt eine eigene Definition. Daraus ergibt sich das es sehr viele verschiedene Arten von Lehr- und Lernpfaden existieren. Lehrpfade sind dabei anders als Austellungen, sie sind auf Dauer angelegt.[1]

Doch zunächst ein kurzer Blick auf die Geschichte der Lehrpfade. Lehrpfade, vor allem Naturlehrpfade besitzen eine recht lange Geschichte. Die Grundidee basiert darauf, dass man Besucher solcher Pfade auf die Natur und den Umgang mit der Natur aufmerksam machen wollte. 1925 wurde dafür der erste Lehrpfad in den USA, im Palisade Interstate Park, errichtet. Dies war ein reiner Naturlehrpfad, der dazu veranlassen sollte die Natur aktiv zu beobachten und andere Naturobjekte zu erkunden. In Deutschland wurden erst einige Jahre später Lehrpfade installiert. In den 1960er Jahren folgten zahlreiche Waldlehrpfade. Hier sollte durch Schilder auf die Natur aufmerksam gemacht werden. 1972 waren in Deutschland mehr als die Hälfte von ca. 600 Lehrpfaden durch das Thema Wald geprägt. Bis 1998 wurden in Deutschland ca. 1000 Lehrpfade errichtet. Jedoch gelang es dadurch nicht, durch Kenntnisse über die Natur und Umwelt, das Umweltbewusstsein zu schärfen. Dadurch fand ein Umdenken statt. Anstelle der Schilderlehrpfade, bei denen nur durch Schrift Wissen vermittelt wurde, traten nun Lehrpfade, bei denen das Erleben der Natur in den Mittelpunkt rückte. Bei dieser Art von Pfaden wurden nun komplexere Zusammenhänge zwischen Mensch und Natur dargestellt, die man mit allen Sinnen erleben sollte. In Deutschland wurden diese Lehrpfade ab den 80er Jahren vermehrt errichtet. Die Weiterentwicklung dieser Pfade war der sogenannte Naturerlebnispfad. Hier sollte interaktiv die Verbindung zwischen Mensch und Natur hergestellt werden und Besucher sollten für die Natur begeistert werden. In den 90er Jahren wurde dann die Mischform zwischen Naturerlebnispfad und Erkenntnispfad bedeutender. Später wurden Lehr- und Lernpfade auch mit neuen Medien ausgestattet, welche die Pfade noch interaktiver machten.[2]

---

[1] Vgl. Lehrpfade, www.sowi-online.de.
[2] Vgl. Geschichte der Lehrpfade, www. nlu-unibas.ch.

Mittlerweile haben sich eine Vielfalt von Lehr- und Lernpfaden entwickelt. Zunächst die älteste Form der Schilderlehrpfad, dieser ist entlang eines Weges mit Tafeln ausgestattet, die Hinweise auf die Natur enthalten. Hier findet eine rein rezeptive Wissensvermittlung statt. Weiter entwickelten sich Themenwege, die anhand verschiedener Medien zu verschiedenen Stationen führt. Hier werden ganz spezielle Themen behandelt. Der Naturlehrpfad ist ein weiterer Lehrpfad. Hier werden ausschließlich Naturthemen behandelt. Danach folgen die Erlebnispfade, die durch eine Verknüpfung von sinnlichen Wahrnehmungen und normalen Lehrpfaden entstehen. Hierbei entsteht auch der Naturerlebnislehrpfad, der Naturthemen und die Sinne verbindet. Auch sind sogenannte Sinnespfade entstanden. Hier soll in mehreren Stationen die Verbindung zur Natur, beispielsweise mit einem Duftgarten, hergestellt werden. Der Erkenntnislehrpfad bietet eine Mischung aus Elementen von Lehr-, Lern- und Erlebnislehrpfad. Weiter wichtige Arten von Lehr- und Lernpfaden sind, interaktive Pfade, bei denen der Besucher selbst etwas entdecken muss. Kunstpfade, bei denen verschiedene Kunstobjekte an einem Wanderweg installiert sind und sich der Besucher mit der Kunst sowie der Natur beschäftigt. Weiter wichtig ist noch der Technisierte Pfad zu erwähnen. Hier wird moderne Technik dazu benutzt beispielsweise Einblicke in die Natur zu geben und auch interaktiv auf diese aufmerksam zu machen.[3]

Bevor ein Lehrpfad errichtet wird sollten mehrere wichtige Fragen geklärt werden. Zunächst einmal warum sollte der Lehrpfad errichtet werden. Weiter wo er entstehen soll und was er vermitteln soll. Dann welche Methode zur Vermittlung von Informationen genutzt werden soll. Weiterhin wie viel Geld zur Verfügung steht. Wer für die Realisierung verantwortlich ist und wohl das wichtigste wer sich auch nach der Fertigstellung um den Lehrpfad kümmert.[4]

Doch das aller wichtigste für die Gestaltung eines Lehrpfades ist, dass der Besucher die Angebote selbst erleben und entdecken kann.

---

[3] vgl. Lehrpfade, www. nlu-unibas.ch.
[4] vgl. Lehrpfade und Lehrgärten, www.lubw.baden-wuertemberg.de.

2. Aufbau eines Lehrpfades

Ein Lehrpfad ist immer ein Wanderweg entlang von bedeutsamen Objekten. Diese können entweder kultureller, sozialer oder naturwissenschaftlicher Natur sein und sich so mit komplett unterschiedlichen Dingen beschäftigen. Es gibt zum Beispiel Lehrpfade, die sich mit der ökologischen Situation im jeweiligen Raum beschäftigen. Um diese bedeutsamen Objekte verständlicher zu machen, gibt es entlang des Lehrpfades immer wieder Schilder mit Erklärungen, Hilfestellungen und Fakten. Somit kann man sich beim Bewandern des Lehrpfades über den jeweiligen Themenkomplex informieren und sich in dem Bereich dann auch weiterbilden. Oft fördern Lehrpfade ein Bewusstsein für die Natur und die kulturelle Gegebenheit.

Somit ist der Sinn eines Lehrpfades, wie der Name schon sagt, das Lehren eines bestimmten Themenkomplexes, also die Wissensvermittlung. Daher bauen die einzelnen Stationen teils aufeinander auf, teils fügen sie sich aber auch am Ende in ein großes Ganzes zusammen. So verstehen die Besucher nach einem Durchlauf den Zusammenhang des Ganzen und können dies auch weiterhin anwenden und sich dessen bewusst sein.

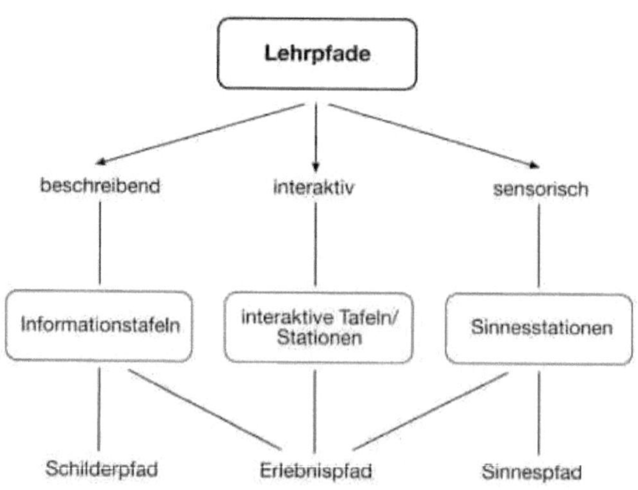

Abb. 1: Die Systematik von Lehrpfaden. (Quelle: Kremb 2003, S. 6)

In Abbildung 1 wird die Systematik von Lehrpfaden deutlich. Es gibt beschreibende, interaktive und sensorische Lehrpfade. Die beschreibenden Lehrpfade vermitteln Informationen mit Hilfe von Informationstafeln, die die Besucher lesen. Hierbei handelt es sich um einen klassischen Schilderpfad. Interaktive Lehrpfade haben Stationen oder interaktive Tafeln, an denen Besucher des Pfades nicht nur lesen, sondern auch beispielsweise Aufgaben selbst durchführen können. Solche Lehrpfade werden auch als Erlebnispfade bezeichnet. Sensorische Lehrpfade sind auf Sinnesstationen aufgelegt, an denen der Besucher etwas riechen, schmecken oder auch hören kann. Sowohl der beschreibende als auch der sensorische Lehrpfad können durch zusätzliche Aufgaben an den Stationen aber ebenfalls zum Erlebnispfad werden.

2.1 Aufbau des Planetenlehrpfades in Marburg

Der Planetenlehrpfad befindet sich entlang des Radweges von Cappel kommend an der Lahn bis zum Bahnhof. Der Maßstab ist hier 1: 100 000 000 auf einer Strecke von 6 km (vgl. Abb. 2).

Weiterhin ist der Aufbau entsprechend der in unserem Sonnensystem. Beginnend mit der Sonne, geht es weiter mit Merkur, Venus, Erde, Mars, über Jupiter, Saturn, Uranus, bis hin zu Neptun und Pluto. Auch wenn sich der Abstand der Planeten untereinander etwas verändern kann, wurden die Planeten auf dem Lehrpfad anhand ihrer Durchschnittswerte aufgestellt. Nicht nur, dass sie Planeten in der gleichen Reihenfolge wie in unserem Sonnensystem sind, sind sie auch noch in einem maßstabsgetreuen Verhältnis aufgebaut.

Gerade durch diesen Aufbau werden einem die Dimension und das Ausmaß unseres Sonnensystems erst ansatzweise bewusst. Jeder Planet besitzt eine Schautafel mit Fakten und Informationen über den Planeten. So kann man sich ein sehr gutes Bild machen und hat auch die Unterschiede unterhalb der Planeten verstanden und erkannt.

Eine weitere Besonderheit beim Aufbau des Marburger Planetenlehrpfades ist die Auslegung für Blinde. An jeder Station befinden sich Reliefpläne sowie Informationstafeln in Blindenschrift. Zudem ist die Größe der Planeten auf den zugehörigen Tafeln fühlbar dargestellt, so dass auch blinde Menschen eine annähernde Vorstellung der riesigen Dimensionen im Sonnensystem bekommen.

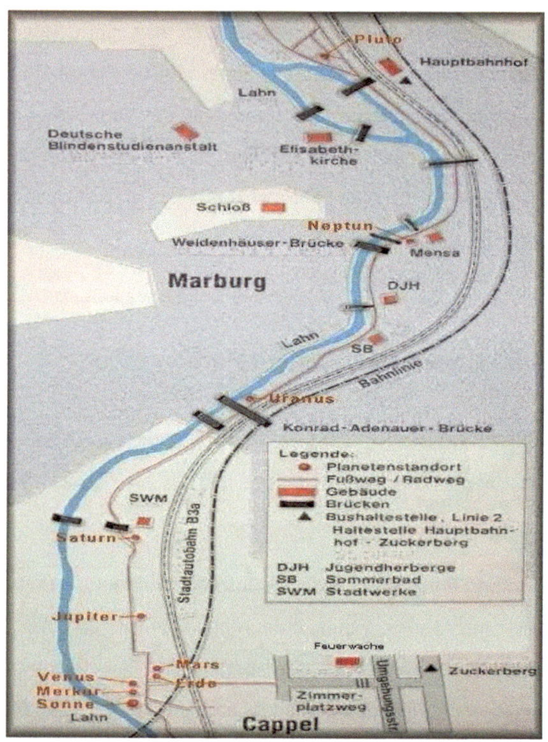

Abb. 2: Detailkarte des Marburger Planetenlehrpfades (Quelle: http://www.planetenlehrpfad-marburg.de/html/detailkarte.html)

Gerade für Schülerinnen und Schüler ist ein Planetenlehrpfad von großer Bedeutung. Er kann in der Schule zum Verständnis des Universums und auch der einzelnen Gegebenheiten der Planeten beitragen. Die Schüler können sich gleichzeitig mit wichtigen Fragen, wie zum Beispiel warum es auf der Erde Wasser gibt oder wieso es auf dem Mond kein Wasser gibt, beschäftigen und analysieren. Die Arbeit im Gelände bringt gleichzeitig mehr Interesse zum

Vorschein, da einfach nur die Räumlichkeiten gewechselt wurden und die Schülerinnen und Schüler so ihrem „Schulalltag" etwas entfliehen können.

3. Der (Marburger) Planetenlehrpfad als „Außerschulischer Lernort"

Ein außerschulischer Lernort ist ein Ort „außerhalb des Schulgebäudes wie auch unabhängig von der Schule als Institution [...], an denen sich unmittelbare Begegnung mit der räumlichen Realität ereignen kann."[5] Bei einem Lehrpfad handelt es sich um einen solchen Ort zur unmittelbaren Begegnung.[6]

Ein Ausflug zu einem Lehrpfad zählt zu den Exkursionen, die im Geographieunterricht durchgeführt werden können. Bei Exkursionen handelt es sich um eine „Form des außerschulischen Unterrichts zur direkten, realen (originalen) räumlichen und thematischen Begegnung mit geographischen Sachverhalten".[7] Bei der Planung eines Ausfluges zu einem Lehrpfad muss die Lehrkraft beachten, dass Lehrpfade für unterschiedliche Zielgruppen ausgelegt sein können. Dies macht eine Aufbereitung der Exkursion mit zusätzlichem Material durch die Lehrkraft meist unumgänglich.[8] Die Abbildung 3 zeigt aber, dass neben Familien die Schüler die zweitgrößte Zielgruppe von Lehrpfaden sind. Einige Lehrpfade sind sogar speziell für Schüler konzipiert.

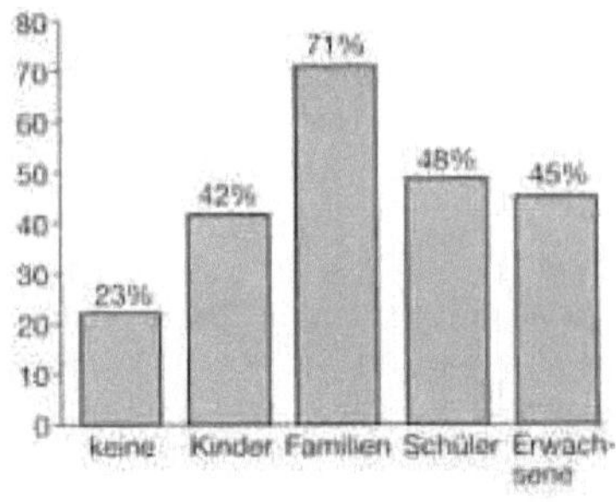

Abb 3.: Zielgruppen von Lehrpfaden (Mehrfachnennungen möglich)

---

[5] Böhn 1999, S. 14.
[6] Vgl. Böhn 1999, S. 14.
[7] Böhn 1999, S. 39.
[8] Vgl. Kremb 2003, S. 6.

Ein Planetenlehrpfad zählt zu den Themenlehrpfaden mit astrogeographischem Schwerpunktthema.[9] Themenlehrpfade sind solche Lehrpfade, die meist speziell für Schüler konzipiert sind.[10] Das Sonnensystem und die Planeten werden hauptsächlich in der Sekundarstufe I unter der Einheit „Erde und Weltraum" behandelt.[11] Der Planetenlehrpfad hilft besonders den jüngeren Schülern dabei, die unvorstellbaren Dimensionen des Weltraums, die Größe der Himmelskörper und ihre Entfernung zueinander nachvollziehen zu können. Den Schülern diese Sachverhalte im Unterricht zu vermitteln, ist nämlich kaum möglich.[12] Im Unterricht können sie zwar die Theorie erlernen, sich aber kein eindeutiges Bild des Sonnensystems und der Himmelskörper machen. Meist werden im Unterricht Modelle genutzt, die nur bestimmte Aspekte wie Jahreszeiten oder die Bewegung von Erde und Mond um die Sonne thematisieren, diese sind aber meist nicht maßstabsgetreu konzipiert[13], sondern dienen lediglich dazu, den Schülern den speziellen Sachverhalt deutlich zu machen.

Mit Hilfe eines Ausflugs zu einem Planetenlehrpfad erfassen die Schüler den Aufbau des Sonnensystems auf eine ganz andere Lernmethode, durch die sie motivierter und interessierter an das Thema „Sonnensystem" herangehen als nur durch theoretischen Unterricht in der Schule. Zudem macht der Planetenlehrpfad durch das Abgehen ein „wirkliches, elementar körperliches Nachvollziehen der Entfernungen im Sonnensystem möglich."[14] So wird durch das Einbinden in den Unterricht aus dem Lehrpfad ein Lernpfad für die Schüler[15], der bei ihnen weiteres Interesse am behandelnden Thema wecken soll.

Ein Ausflug zum Planetenlehrpfad zählt zu den Exkursionen, also eine Form des Außerschulischen Unterrichts. Besonders für jüngere Schüler besteht die Möglichkeit, eine Rallye oder ähnliches durchzuführen, wodurch die Motivation, sich mit einzelnen Stationen des Lehrpfades intensiver zu beschäftigen, gesteigert wird. Eine weitere Möglichkeit ist, dass die Schüler vorher im Unterricht in Gruppen zu jedem Planeten etwas vorbereitet haben und ihre Gruppenarbeitsergebnisse direkt an der jeweiligen Station den Mitschülern

---

[9] Vgl. Kremb 2003, S. 5.
[10] Kremb 2003, S. 5.
[11] Junker 1996, S. 45.
[12] Vgl. Junker 1996, S. 45.
[13] Vgl. Junker 1996, S. 45.
[14] Junker 1996, S. 45.
[15] Vgl. Kremb 2003, S. 5.

präsentieren. Beide Möglichkeiten haben einen höheren Lernerfolg als ein Lehrervortrag an jeder Station.

Vor dem Besuch des Planetenlehrpfades sollte sich die Lehrkraft, wie bei jeder Exkursion, im Voraus überlegen, was die Exkursion zu dem Lehrpfad den Schülern bringen soll, also Lernziele formulieren. Eine Möglichkeit ist beispielsweise der Abschluss einer Unterrichtseinheit, die sich mit dem Sonnensystem beschäftigt. Diese abschließende Exkursion bietet den Schülern die Möglichkeit, offene Fragen zu klären und ihnen den Aufbau des Sonnensystems noch eindeutiger zu machen. Aber auch ein Unterrichtsbegleitender Besuch des Lehrpfades ist möglich, um den Schülern den Sachverhalt eindeutiger und verständlicher zu machen.

Um sowohl den Schülern als auch den Zielen der Lehrkraft gerecht zu werden, sollte vorher mit den Schülern zusammen die Exkursion genau geplant und besprochen werden, was die Ziele des Besuchs dieses außerschulischen Lernortes sein sollen. Dazu kann es helfen, wenn vorher Fragen formuliert werden, die den Schülern im Unterricht noch offen geblieben sind und die sie im Laufe der Exkursion aus eigener Motivation klären möchten. Zudem sollte überlegt werden, auf welche Art und Weise der Lehrpfad als Exkursion begangen werden soll, also ob alle Schüler gemeinsam mit der Lehrkraft jede Station ansteuern oder die Schüler in Kleingruppen den Lehrpfad abgehen.

Bei der Planung der Exkursion und deren Ablauf bietet sich eine Verknüpfung von Unterrichtsgegenständen an. Bei Klassen, die nicht aus der Region kommen und eine Klassenfahrt nach Marburg machen, um in diesem Zug auch den Planetenlehrpfad anzusehen, bietet sich beispielsweise an, dass vorher auf einer Karte geschaut wird, wo Marburg überhaupt liegt. Sowohl für diese Schüler, als auch für Schüler aus der Region, die wissen, wo Marburg liegt, bietet sich dann die Möglichkeit, den Lehrpfad auf einem Stadtplan von Marburg anhand einer schriftlichen Wegbeschreibung zu finden und dann einzuzeichnen. Im Zuge der Exkursion können die Schüler auf dem eingezeichneten Stadtplan versuchen, die einzelnen Stationen einzutragen. Hierzu müssen sie ihre derzeitige Umgebung und ihren Standort auf dem Stadtplan ausfindig machen. Diese Vorgehensweisen ziehen somit eine der Schlüsselqualifikationen des Geographieunterrichts mit ein, nämlich die „Räumliche Orientierungsfähigkeit". Sind die Stationen eingezeichnet, kann die Entfernung der Planeten zueinander noch besser nachvollzogen werden, da der Marburger

Planetenlehrpfad die Entfernungen der Himmelskörper im Planetensystem in Form von Stationen im Maßstab 1: 1.000.000.000 maßstabsgetreu abbildet.[16] Im Anschluss kann so auf dem Stadtplan bei richtiger Kartierung der Stationen die Entfernung der Planeten nachvollzogen werden.

Zur Veranschaulichung: Die Sonne hat im Maßstab 1: 1.000.000.000 immer noch einen Durchmesser von 1,39 Metern, wie man auf der folgenden Abbildung 4 sieht.

Abb. 4: Abbildung der Sonne auf dem Planetenlehrpfad Marburg.[17]

Der Planetenlehrpfad als außerschulischer Lernort bietet den Schülern also eine Vielzahl an Möglichkeiten, sich mit dem Thema „Sonnensystem" und „Planeten" zu beschäftigen. Da die komplexen Strukturen des Weltalls schwer darzustellen und daher für die Schüler schlecht nachzuvollziehen sind, bietet sich ein Ausflug zum Planetenlehrpfad an. Aufgrund der unterschiedlichen Herangehensweisen und einer Menge an Bearbeitungsmöglichkeiten seitens der Schüler ist er ein hervorragender außerschulischer Lernort, um den Schülern dabei zu helfen, sich das Sonnensystem, die Planeten und die Dimensionen im Weltraum besser vorstellen zu können. Im Voraus muss den Schülern allerdings die Situation vor Ort

---

[16] Kremb 2003, S. 5.
[17] Junker 1996, S. 45.

klar gemacht werden. Dass der Pfad eine maßstabsgetreue Abbildung der Himmelskörper im Planetensystem ist, wird den Schülern ansonsten nicht deutlich. Mit einer klaren Einweisung und zusätzlichem Material können sich die Schüler dann das auf dem Lehrpfad bereitgestellte Fachwissen durch eigenständiges, entdeckendes Lernen aneignen.

4. Lernziele und Kompetenzorientierung

Der Planetenlehrpfad als außerschulischer Lernort bietet die Möglichkeit, vielfältige Lernziele zu erreichen und Kompetenzen der SuS zu fördern. So können zum einen wichtige Erkenntnisse über unser Universum und der Position der Erde in ihm und über Eigenschaften und Funktionen anderer Planeten erlangt werden. Zum anderen können auch Kompetenzen erworben werden, die die SuS im Geographieunterricht, aber auch in ihrer Alltagspraxis anwenden können. Im Folgenden möchte ich einige Ideen zur didaktisch wertvollen Nutzung des Marburger (oder jedes anderen ähnlich aufgebauten) Planetenpfades darlegen.

Der maßstabgetreue Aufbau des Planetenpfades, welcher zu Beginn der Arbeit schon genauer beschrieben wurde, hat verschiedene positive Effekte. Der Planetenpfad eignet sich sehr gut zur Übung von Maßstäben. Die SuS können hier in der Praxis erleben und selbst ausprobieren, was Maßstabtreue bedeutet und wie mit Maßstäben umgegangen werden kann. So besteht zum Beispiel die Möglichkeit, die Sonne, die als einziger der Planeten freistehend dargestellt ist oder die anderen auf Kupfertafeln dargestellten und maßstabgetreu verkleinerten Planeten selbstständig abzumessen und mithilfe des Maßstabs die wirkliche Größe der Planeten auszurechnen. Mit ähnlichem Vorgehen könnten die Entfernungen zwischen den Planeten ausgerechnet werden. Zwischen Planeten, die nahe zueinander liegen, könnten Schülergruppen die Meterzahl (z.B. mit großen Schritten, die jeweils einen Meter lang sind) ermitteln und wiederum mithilfe des Maßstabs die tatsächliche Entfernung der Planeten voneinander ausrechnen.

Natürlich können die SuS, soweit sie die Bedeutung der maßstabgetreuen Umsetzung des Planetenpfades zu unserem Universum begriffen haben, nicht nur sehen oder lesen, welche Entfernungen zwischen den verschiedenen Planeten bestehen und welche Dimension das Universum hat. Dadurch, dass sie die Strecke zu Fuß zurücklegen, also selbst spüren, welche unterschiedlichen Abstände zurückzulegen sind, erleben sie die Dimensionen des Universums selbst und praktisch am eigenen Körper. Das Ganzheitliche Erleben der Strukturen unseres Sonnensystems ist gerade bei diesem Thema sehr sinnvoll, da die Abstände und Größenverhältnisse für jeden und natürlich besonders für jüngere Kinder und Jugendliche besonders schwierig zu erfassen sind. Zahlen und Daten allein können hier kaum ein wirkliches Begreifen der Dimensionen ermöglichen.

Außer diesen eher allgemeinen Möglichkeiten zur Nutzung des Planetenpfades als außerschulischen Lernort, können auch sehr detaillierte Fakten zu den einzelnen Planeten gelernt werden. Über die spezifischen Größen- und Abstandsverhältnisse hinaus, welche hier im einzelnen nicht aufgezeigt werden müssen und teilweise auch für SuS eher trocken sein können, können mit den SuS interessante und wichtige Fakten über einzelne Planeten erarbeitet werden, die von Bedeutung für das Leben auf der Erde - und dadurch auch für sie persönlich - sind.

Auf einer Broschüre über den Planetenpfad oder auf der Internetseite des Pfades sind wichtige Informationen über die einzelnen Planeten leicht zugänglich. Hier könnte den SuS in Gruppen die Aufgabe übergeben werden, interessante Fakten über die verschiedenen Planeten herauszuarbeiten und am Planetenpfad ihren Mitschüler/innen zu präsentieren. Durch die leichte Zugänglichkeit des Materials auf der Internetseite oder durch die Broschüre könnten die SuS - je nach Altersgruppe - relativ selbstständig die Informationen beschaffen[18]. Hierdurch lernen die SuS nicht nur Wissenswertes über unser Sonnensystem (durch eigenes Erarbeiten und durch Präsentationen ihrer Mitschüler/innen), sondern es werden auch ihre Sozialkompetenz durch die Arbeit in Gruppen und selbstständiges Arbeiten gefördert und sie können üben, Vorträge strukturiert zu halten.

Besonders interessant für SuS aller Altersklassen ist wohl die Bedeutung der Sonne für die Erde, die schließlich erst das Leben auf der Erde ermöglicht. Hier ist es besonders leicht, interessante Fragestellungen zur Erarbeitung durch die SuS zu finden. Die Sonne ist ein Stern, der jede Sekunde eine enorm große Menge von Energie erzeugt. Diese Energie wird irgendwann aufgebraucht sein, was zur Folge haben wird, dass sich die Sonne erst aufblähen und damit - insoweit dann noch Leben auf der Erde existieren wird - Leben auf der Erde unmöglich machen und dann explodieren und langsam verglühen. Interessante Fragestellungen für die SuS könnten in diesem Zusammenhang sein: Wie viel Energie wird wie durch die Sonne erzeugt? Wird die Sonne ewig scheinen?

Über die Erde könnten gleich mehrere Gruppen zu verschiedenen Fragestellungen arbeiten. Der Planet, auf dem wir leben ist natürlich von größter Bedeutung für die SuS. Hier könnte ein Ansatz für eine Gruppenarbeit sein, die Besonderheit der Erde gegenüber anderen

---

[18] Im Folgenden beziehe ich mich ausschließlich auf die Informationen aus der Broschüre und Internetseite des Marburger Planetenpfades.

Planeten herauszuarbeiten (Vorkommnis von Wasser und darum auch Sauerstoff und das Vorhandensein einer vor schädlicher Strahlung schützenden Atmosphäre). Schließlich ist nach heutigen Erkenntnissen nur auf der Erde Leben möglich. Eine weitere für SuS sehr interessante Fragestellung, die anhand des Erdmodells am Planetenpfad verdeutlicht werden kann, könnte die nach den Auswirkungen der Neigung der Erdachse (also die Entstehung von Jahreszeiten) sein. Insoweit dies vorher nicht im Unterricht besprochen wurde, könnte es eine anspruchsvolle Aufgabe für eine Gruppe darstellen.

Eine weitere Arbeitsgruppe könnte sich mit dem Jupiter und seiner Bedeutung für das Leben auf der Erde beschäftigen. Dieser beeinflusst als größter Planet durch seine große Masse das Massengleichgewicht in unserem Sonnensystem. Dies verhindert, dass alle 100000 Jahre ein Asteroid in die Erde einschlägt und dadurch Leben auf der Erde unmöglich macht. Die Frage für eine Gruppe könnte sein: Welche Bedeutung hat der Jupiter für das Sonnensystem und für die Erde?

Es gibt natürlich noch weitere Möglichkeiten, Informationen, die am Planetenpfad erhalten werden können, oder mithilfe des Pfades verdeutlicht und visualisiert werden können. Es ist möglich, allein mit dem Informationsmaterial des Marburger Planetenpfades zu arbeiten, jedoch kann es für einige Fragestellungen und je nach Altersgruppe und Schwierigkeitsgrad der Aufgaben sinnvoll sein, den SuS gezielt zusätzliches Material zur Verfügung zu stellen.

5. Eingliederung in den Lehrplan mit einer zusätzlichen Schulbuchanalyse

Das folgende Kapitel soll nun genauer beleuchten, wie und zu welchem Zeitpunkt sich Planetenlehrpfade in den Geographieunterricht eingliedern lassen. Als Grundlage hierfür soll zum einen der hessische Lehrplan für das Unterrichtsfach im Schuljahr 2010/11 und zum anderen das Lehrbuch „Terra - Erdkunde für Hessen" aus dem Jahr 2010 dienen.

Gemäß dem Lehrplan finden sich nur vereinzelte Anhaltspunkte, wann den Schülern ein astronomisches Grundwissen zu vermitteln ist. Lediglich in der ersten Hälfte der 5. und der 8. Klasse werden die Planeten erwähnt.

So sollen die Schüler zu Beginn ihrer gymnasialen Schulzeit zunächst eine Raumorientierungskompetenz erlangen und globale Orientierungsraster verstehen lernen. Dazu gehört sowohl der richtige Umgang mit Karten und Kompen, als auch das Verständnis für Gradnetze.[19] Verbindliche Unterrichtsinhalte hierfür sind in der folgenden Grafik zu finden:

Verbindliche Unterrichtsinhalte/Aufgaben:

Die Erde im Überblick, Orientierung im Raum	Planetennatur der Erde, Kontinente/Ozeane (Globus, Karte, Atlas) [8 Std.]
Grundzüge des Gradnetzes	Pole, Äquator, Längen- u. Breitengrade [5 Std.]

Abbildung 5: Verbindliche Unterrichtsinhalte einer 5. Klasse im hessischen Gymnasium für das Fach Erdkunde. In: Lehrplan Erdkunde. Wiesbaden 2010. S. 11.

---

[19] Vgl. Hessisches Kultusministerium: „Lehrplan Erdkunde. Gymnasialer Bildungsgang. Jahrgangsstufen 5G bis 8G und gmnasiale Oberstufe." Wiesbaden 2010. S. 11.

Offenkundig wird, dass es vorrangig das Ziel sein muss, den Schülern zunächst grundlegende geographische Arbeitstechniken zu vermitteln. Beachtet man die vorgegebene Stundenzahl von 13, muss man davon ausgehen, dass die Behandlung von dem uns umgebenden Universum wohl eher im Hintergrund bleiben muss.

Natürlich müssen jedoch Begriffe wie etwa „der Planet" zunächst geklärt werden, um die weiterführende Arbeit ermöglichen zu können. Da es, wie bereits beschrieben, verlangt wird, den Kindern eine erste Orientierung im Raum des Universums zu vermitteln und zusätzlich Exkursionen und Unterrichtsgänge vorgeschlagen werden, bietet sich ein Ausflug zu einem Planetenlehrpfad dennoch an.

Bedacht werden muss hier aber, dass es wohl nicht möglich sein wird, alle Möglichkeiten, die ein solcher Lernort bietet, ausschöpfen zu können, da die zahlreichen Daten und Fakten, die für gewöhnlich damit verbunden sind, wohl noch nicht von Fünftklässlern erfasst und verarbeitet werden können. Jedoch kann die Vergegenwärtigung der Dimensionen (also sowohl die Größe der Planeten im Vergleich, als auch ihre Distanz zueinander) präsentiert werden, was wohl zu einer gewissen Faszination führen wird, die wiederum geeignet ist, den Schülern einen spannenden Einstieg in die weiteren Grundlagen über die teilweise sehr theoretisch anmutenden Unterrichtsgegenstände (Gradnetz der Erde, vom Globus zur Karte etc.) zu bieten.

Wie wenig das Universum zu Beginn des Gymnasiums betrachtet wird, verdeutlicht noch einmal, das Schulbuch „Terra - Erdkunde". Hier werden dem Themenbereich „Unsere Erde" insgesamt 10 Seiten gewidmet, wobei dem Sonnensystem, in dem es sich befindet, lediglich eine Doppelseite (siehe Anhang 1) zugestanden wird.

Diese besteht aus einem recht langen Fließtext, der unsere Erde in die Galaxie einordnet, die weiteren sieben Planeten benennt und schließlich speziell auf die Erde und deren Mond eingeht. [20]

Daneben finden sich 2 Abbildungen. Die eine verdeutlicht, die Entfernung der Planeten untereinander (Abbildung 6), während die andere die Größenverhältnisse dieser verdeutlicht (Abbildung 7).

---

[20] Vgl. Ernst Klett Verlag: „Terra - Erdkunde für Hessen. Schülerbuch 5./6. Klasse." Gotha 2010. S. 8f.

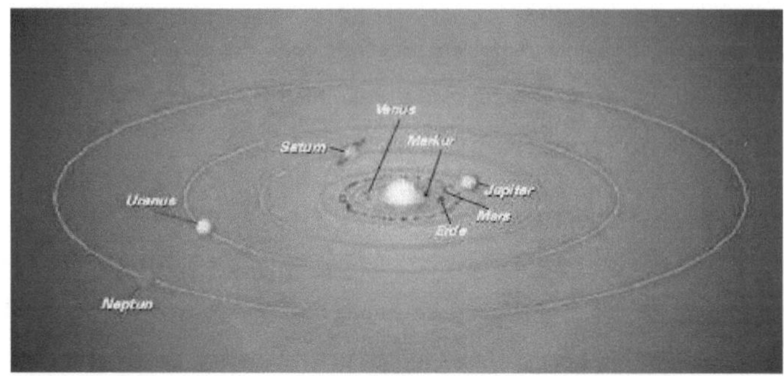

Abbildung 6 (oben) und **Abbildung 7** (unten): Entfernung der Planeten zueinander. In: Terra - Erdkunde für Hessen. Gotha 2010. S. 8.

Dass sich beide Abbildungen nicht zu einer zusammenfügen lassen, da diese in kein Lehrbuch mit einem gewöhnlichen Format passen würde, sollen die Schüler in einer Übungsaufgabe herausfinden. Dieses Problem wäre die optimale Ausgangsposition, um anschließend einen Planetenlehrpfad zu besuchen, der es schafft, beide Perspektiven zugleich darzustellen.

In der 8. Klasse wird das Thema erneut aufgegriffen. Da die Schüler sich noch einmal mit dem Gradnetz und der Lage der Erde im Weltraum beschäftigen sollen,[21] werden folgende Themenfelder behandelt werden:

---

[21] Vgl. Hessisches Kultusministerium: „Lehrplan Erdkunde. Gymnasialer Bildungsgang. Jahrgangsstufen 5G bis 8G und gmnasiale Oberstufe." Wiesbaden 2010. S. 16.

Das Gradnetz
                                          Koordinatensystem;
                                          Bestimmung von Standortkoordinaten
                                          Erkennen der Zeitzonen

                                                                        [3 Std.]

Auswirkungen der Bewegung der Erde   Erdachse, Rotation, Umlaufbahn, Zenit, Polarkreise, Wen-
                                          dekreise, Jahreszeiten (Modell: Globus/Tellurium)
                                          *Problembeispiel: Warum gibt es verschiedene Jahreszei-
                                          ten?*

                                                                        [4 Std.]

Verbindliche Unterrichtsinhalte/Aufgaben:

Die Erde im Überblick, Orientierung im   Planetennatur der Erde, Kontinente/Ozeane (Globus, Kar-
Raum   te, Atlas)

                                                                        [8 Std.]

Grundzüge des Gradnetzes   Pole, Äquator, Längen- u. Breitengrade

                                                                        [5 Std.]

Abbildung 8: Verbindliche Unterrichtsinhalte einer 8. Klasse im hessischen Gymnasium für das Fach
Erdkunde. In: Lehrplan Erdkunde. Wiesbaden 2010. S. 16.

Besonders das zweite Inhaltsgebiet kann nicht auf ein astronomisches Grundwissen
verzichten. Dementsprechend ist in dem Schulbuch Terra diesem ein größerer Platz
eingeräumt wurden.[22] Fragen nach der Form der Erde, ihrer Umlaufbahn und ihrem
Verhältnis zur Sonne werden beantwortet. Zusätzlich hierzu hat der Verlag Klett Online-
Arbeitsmaterialien zur Verfügung gestellt, die zusätzliche Informationen bereitstellen. Das
für unsere Themen relevanteste Arbeitsblatt (siehe Anhang X) stellt die wichtigsten Fakten
über die acht Planeten zusammen (mittlere Entfernung und astronomische Entfernung) und
erläutert verschiedene Begrifflichkeiten und unterscheidet diese voneinander (z.B. Planet -
Planetoid - Zwergplanet) und es gibt einen kurzen Überblick über die Entstehung des
Sonnensystems.

Solche Informationen sind in der Regel ebenfalls auf einen Planetenlehrpfad zu finden,
weshalb davon auszugehen ist, dass die Schüler in einer 8. Klasse in der Lage sein sollten,
sich ein solches Wissen zu erarbeiten und verinnerlichen zu können.

Eine Exkursion zu diesem Zeitpunkt der Schullaufbahn zu einem Planetenlehrpfad zu
unternehmen, scheint also effektiver zu sein, als in einer 5. Klasse, wo, wie bereits erwähnt
noch nicht alle präsentierten Informationen genutzt werden können.

---

[22] Leider war es an dieser Stelle nicht möglich, einen näheren Einblick in das Kapitel zu erlangen, da dieses Buch
nicht in der Universität Marburg zu erhalten war.

Allerdings räumt der Lehrplan nur recht wenig Zeit für die Themen „Das Gradnetz" und „Auswirkungen der Bewegung der Erde" ein. In 7 Unterrichtsstunden sollen zusätzlich zu den eben erwähnten Inhalten auch mit Koordinaten geübt, mit einem Tellarium gearbeitet und Begriffe wie Wendekreise oder Zenit definiert werden.

Die Begehung eines Planetenlehrpfades sollte jedoch nicht zusammenhangslos und vollkommen losgelöst von dem Unterrichtsgeschehen stattfinden, sondern die Erkenntnisse die hierbei gewonnen wurden, sollten in einer Nachbearbeitungsphase verfestigt und gegebenenfalls vertieft werden. Dementsprechend kann der zeitökonomische Faktor eine problematische Rolle spielen. Allerdings kann davon ausgegangen werden, dass bei einer intensiven Arbeit an einem Planetenlehrpfad wesentlich mehr Kompetenzen eingeübt werden können, als es bei einer rein theoretischen Betrachtung eines so unvorstellbar großen Raumes wie des Universums der Fall sein kann.

6. Schlussbetrachtung

Bisher wurden der Aufbau und die Funktionsmöglichkeiten von Lehr- und Lernpfaden ausführlich beschrieben. An dieser abschließenden Stelle soll nun endgültig geklärt werden, ob sich Lehr- und Lernpfade als außerschulische Lernorte eignen oder als eher weniger sinnvoll erscheinen.

Exkursionen stellen einen wesentlichen Beitrag dar, um den Unterricht greifbarer und lebendiger zu machen, indem der Unterricht außerhalb des Klassenzimmers verlagert wird und somit Begegnungen im realen Raum stattfinden können. Vorteile die sich hieraus ergeben können sind, neben der Konfrontation mit der Wirklichkeit, die Möglichkeit als SchülerIn selbstständig agieren und entdecken zu können. Gerade die Selbstständigkeit und die Möglichkeit des handlungsorientierten Unterrichts haben im heutigen schülerorientierten Unterricht einen zentralen Stellenwert. So können hier selbst Probleme erkannt und mit eigenen Methoden bewältigt werden. Weiterhin können Exkursionen eine stärkere Motivation hervorrufen, als der rein abstrakte Unterricht im gewohnten Klassenzimmer. Die direkte Nähe zu gegebenen Problemen lässt ein deutlich intensiveres Umgehen mit eben diesen zu und ermöglicht ein tieferes Verständnis der Problematik, als dies ohne Realbegegnung der Fall wäre. Dies kann zu einer besseren Festigung des Erlernten führen. Befindet sich der Exkursionsort, in unserem Fall also der Lehrpfad, in Heimatnähe, ist es unter Umständen somit möglich, je nach Thema des Lehrpfades, seinen eigenen Heimatraum besser kennen zu lernen. Und mittels Exkursionen lassen sich auch soziale Lernziele verwirklichen. Durch die gemeinsame Problembearbeitung in beispielweise Partner- oder Gruppenarbeiten ist es unter Umständen möglich, dass Gemeinschaftsgefühl der SchülerInnen untereinander zu stärken. Durch die Wahl einer geeigneten Sozialform ist zudem eine optimale Binnendifferenzierung möglich. All die aufgezählten Punkte lassen sich bei einer entsprechenden Auslegung auch mit einer Exkursion zu einem Lehrpfad nutzen und umsetzten. Wichtig hierbei ist allerdings eine genaue Planung sowie Vor- und Nachbereitung. Auf diesen Punkt wird weiter unten nochmals genauer eingegangen.

Der Besuch eines Lehrpfades hat natürlich nicht nur Vorteile. Neben einer intensiven Planung, die sehr zeitaufwendig sein kann, stellen organisatorische Schwierigkeiten ein Problem dar. Denn wenn der Lehrpfad der besucht werden soll sich nicht in direkter

Schulnähe befindet muss zunächst die Logistik geklärt werden. Ein wesentlicher Punkt spielt hierbei die Finanzierung. Sind genug finanzielle Mittel vorhanden um einen eventuell nötigen Bus zu organisieren? Ein weiterer wesentlicher Aspekt ist die Zeit. Durch die vollgepackten Stundenpläne herrscht im heutigen Schulalttag leider oftmals ein chronischer Zeitmangel. Gerade dieser Zeitmangel dürfte eines der Hauptargumente sein, sich gegen den Besuch eines Lehrpfades zu stellen. Weiterhin ist die Abhängigkeit vom Wetter zu nennen, die jede Tätigkeit im Freien mit sich bringt.

Im direkten Vergleich der Vor- und Nachteile überwiegen meines Erachtens jedoch die möglichen Vorteile. Natürlich darf der Besuch eines Lehrpfades nicht zum reinen Abhacken von Stationen verkommen. Und es darf bei den SchülerInnen nicht das Gefühl aufkommen, quasi einen „schulfreien" Tag zu haben, der abseits des Unterrichtsgeschehens abläuft. Um dies zu verhindern ist eine intensive Vorbereitung seitens der Lehrkraft notwendig, um neben den ganzen organisatorischen Problemen den Besuch eines Lehrpfades sinnvoll in die laufende Unterrichtsreihe einzubauen. Weiterhin ist es sinnvoll die SchülerInnen in bestimmten Sozialformen besondere Aufgaben erledigen zu lassen. Zusätzlich ist es möglich auch die SchülerInnen in die Vorbereitung mit einzubeziehen. So könnten sie vorher selbstständig erarbeitete Ergebnisse vor Ort an passender Stelle präsentieren. Und letztlich muss an den Besuch eines Lehrpfades noch eine adäquaten Nachbesprechung folgen, in der die erhaltenen Erkenntnisse und Ergebnisse besprochen, diskutiert und eingeordnet werden können. Wie so eine Exkursion zu einem Lehrpfad aussehen kann, ist in den Punkten 3 und 4 am Beispiel des Planetenlehrpfades in Marburg ausgiebig dargestellt worden.

An dieser Stelle sei noch die Möglichkeit des Fächerübergreifenden Unterrichts genannt. Auch der Besuch von Lehrpfaden kann wunderbar fächervernetzend aufgebaut werden. So können zum Beispiel geographische wie auch biologische Aspekte bearbeitet werden, wenn ein Lehrpfad besucht wird, der den Lebensraum von örtlichen Tieren behandelt. Oder es könnten geographische, physikalische und chemische Fragestellungen beim Besuch des Marburger Planetenlehrpfades erarbeitet werden. Dies sind natürlich nur zwei Beispiele einer nahezu unbegrenzten Anzahl von Kombinationsmöglichkeiten. Wenn Lehr- und Lernpfade fächerübergreifend behandelt werden, kann dies auch zur Relativierung des Zeitproblems führen, das aufgrund des dichten Lehrplanes besteht.

Abschließend lässt sich somit sagen, dass sich Lehr- und Lernpfade absolut für außerschulische Lernorte eignen. Allerdings ist eine ausgiebige Vor- und Nachbereitung unersetzlich, um die Exkursion sinnvoll gestalten und einordnen zu können. Wenn dies allerdings geschieht und sich ein geeigneter Pfad in erreichbarer Nähe befindet lohnt es sich die große Arbeitsbelastung aufgrund der Planung auf sich zu nehmen, denn die Vorteile, die sich daraus für die Schülerinnen entfalten können liegen offen auf der Hand.

Quellen:

BÖHN, DIETER: Didaktik der Geographie. Begriffe. München 1999.

JUNKER, HANS: Der Marburger Planetenlehrpfa. In: Praxis Geographie 26 (1996), H. 6, S. 45-46.

KREMB, KLAUS: Lehrpfade – geographisches Medium im Wartestand. In: Praxis Geographie 33 (2003), H. 1, S. 4-7.

Internetquellen:

Lehrpfade, www.sowi-online.de (Letzter Zugriff: 21.10.11)

Lehrpfade, www.nlu-unibas.ch (Letzter Zugriff: 21.10.11)

Lehrpfade und Lehrgärten, www.lubw.baden-wuertemberg.de (letzter Zugriff: 21.10.2011)

Planetenlehrpfad Marburg: www.planetenlehrpfad-marburg.de (Letzter Zugriff. 11.11.2011)

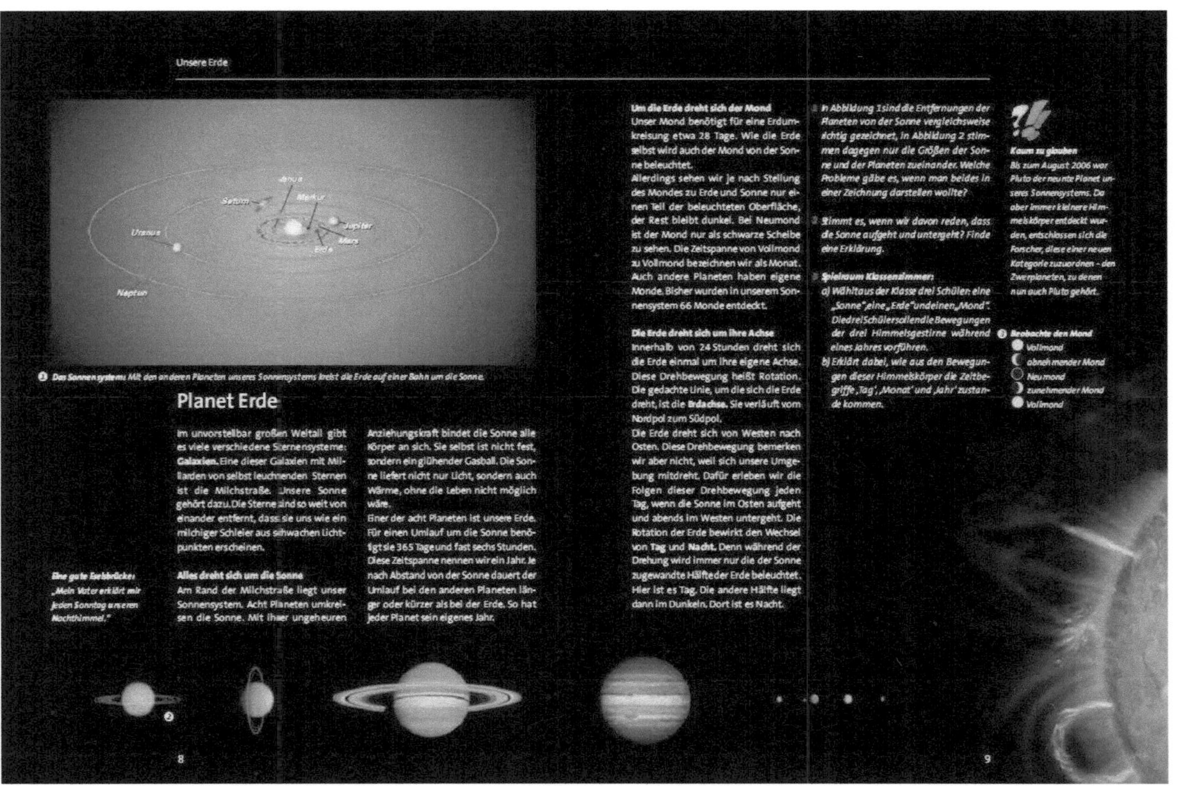

Unsere Erde

Das Sonnensystem: Mit den anderen Planeten unseres Sonnensystems kreist die Erde auf einer Bahn um die Sonne.

Planet Erde

Im unvorstellbar großen Weltall gibt es viele verschiedene Sternensysteme: Galaxien. Eine dieser Galaxien mit Milliarden von selbst leuchtenden Sternen ist die Milchstraße. Unsere Sonne gehört dazu. Die Sterne sind so weit von einander entfernt, dass sie uns wie ein milchiger Schleier aus schwachen Lichtpunkten erscheinen.

Eine gute Eselsbrücke:
"Mein Vater erklärt mir jeden Sonntag unseren Nachthimmel."

Alles dreht sich um die Sonne
Am Rand der Milchstraße liegt unser Sonnensystem. Acht Planeten umkreisen die Sonne. Mit ihrer ungeheuren Anziehungskraft bindet die Sonne alle Körper an sich. Sie selbst ist nicht fest, sondern ein glühender Gasball. Die Sonne liefert nicht nur Licht, sondern auch Wärme, ohne die Leben nicht möglich wäre.
Einer der acht Planeten ist unsere Erde. Für einen Umlauf um die Sonne benötigt sie 365 Tage und fast sechs Stunden. Diese Zeitspanne nennen wir ein Jahr. Je nach Abstand von der Sonne dauert der Umlauf bei den anderen Planeten länger oder kürzer als bei der Erde. So hat jeder Planet sein eigenes Jahr.

Um die Erde dreht sich der Mond
Unser Mond benötigt für eine Erdumkreisung etwa 28 Tage. Wie die Erde selbst wird auch der Mond von der Sonne beleuchtet.
Allerdings sehen wir je nach Stellung des Mondes zu Erde und Sonne nur einen Teil der beleuchteten Oberfläche, der Rest bleibt dunkel. Bei Neumond ist der Mond nur als schwarze Scheibe zu sehen. Die Zeitspanne von Vollmond zu Vollmond bezeichnen wir als Monat. Auch andere Planeten haben eigene Monde. Bisher wurden in unserem Sonnensystem 66 Monde entdeckt.

Die Erde dreht sich um ihre Achse
Innerhalb von 24 Stunden dreht sich die Erde einmal um ihre eigene Achse. Diese Drehbewegung heißt Rotation. Die gedachte Linie, um die sich die Erde dreht, ist die Erdachse. Sie verläuft vom Nordpol zum Südpol.
Die Erde dreht sich von Westen nach Osten. Diese Drehbewegung bemerken wir aber nicht, weil sich unsere Umgebung mitdreht. Dafür erleben wir die Folgen dieser Drehbewegung jeden Tag, wenn die Sonne im Osten aufgeht und abends im Westen untergeht. Die Rotation der Erde bewirkt den Wechsel von Tag und Nacht. Denn während der Drehung wird immer nur die der Sonne zugewandte Hälfte der Erde beleuchtet. Hier ist es Tag. Die andere Hälfte liegt dann im Dunkeln. Dort ist es Nacht.

In Abbildung 1 sind die Entfernungen der Planeten von der Sonne vergleichsweise richtig gezeichnet. In Abbildung 2 stimmen dagegen nur die Größen der Sonne und der Planeten zueinander. Welche Probleme gäbe es, wenn man beides in einer Zeichnung darstellen wollte?

Stimmt es, wenn wir davon reden, dass die Sonne aufgeht und untergeht? Finde eine Erklärung.

Spielraum Klassenzimmer:
a) Wählt aus der Klasse drei Schüler: eine "Sonne", eine "Erde" und einen "Mond". Die drei Schüler sollen die Bewegungen der drei Himmelsgestirne während eines Jahres vorführen.
b) Erklärt dabei, wie aus den Bewegungen dieser Himmelskörper die Zeitbegriffe 'Tag', 'Monat' und 'Jahr' zustande kommen.

Kaum zu glauben
Bis zum August 2006 war Pluto der neunte Planet unseres Sonnensystems. Da aber immer kleinere Himmelskörper entdeckt wurden, entschlossen sich die Forscher, diese einer neuen Kategorie zuzuordnen - den Zwergplaneten, zu denen nun auch Pluto gehört.

Beobachte den Mond
Vollmond
abnehmender Mond
Neumond
zunehmender Mond
Vollmond

Venus
Saturn
Merkur
Jupiter
Erde
Mars
Uranus
Neptun

8
9